自然的匠人:了不起的古代发明

钻木取火

屠方 刘欢 著 尹涵迪 绘

电子工业出版社
Publishing House of Electronics Industry
北京·BEIJING

据史料记载，黎族在海南岛定居的历史已有三千多年。当时，火已经广泛地应用于黎族先民的生活之中。黎族人的刀耕火种、烧制陶器、酿酒等农业、手工业生产都离不开火种，而钻木取火技术的掌握为黎族先民提供了重要的火源保障。

在远古时代，海南黎族的先民生活在没有火的世界里。到了晚上，大地陷入一片黑暗，只有月亮和星星发出微弱的光亮。

凶恶的野兽伺机出没，捕食黎族的先民，人们时常陷入恐惧。

寒冷的时候，人们只有互相抱在一起，才能抵御寒冷；更可怕的是，当时的人们只能吃生肉和野果，所以常常生病，寿命也很短。

痛苦的日子不知道过了多久，终于有了改变。

在一个漆黑的夜晚，一道雷电突然击中了一棵大树，树木
倒下，燃起了熊熊大火。这就是自然所赐的天火。面对大火，
人们惊慌失措，不知道这火红的光亮是什么。

　　黎族的先民惊讶地发现，火燃烧的地方，没有黑夜，四周也没有野兽的吼叫。而且，大家的身体感受到了前所未有的温暖。

　　一阵风吹来，香味扑鼻，人们找到了被火烤熟的野兽，他们俯下身去，饱餐了一顿。

　　黎族的先民感受到了火的珍贵，从此开始崇拜火的力量，想学习取火的技术。

　　于是，大家找来干燥的树枝，用天火点燃，将其作为火种保存了起来，并轮流在山洞看管。

可是有一天，一场大雨卷着大风，把火种吹灭了。
黎族的先民叹息不已，大家开始思考如何自己取火。

火童和火娃是族长的两个孩子，他们没日没夜地思考，可始终没有进展。他俩十分沮丧和烦恼，拿着手中的树枝，不停砸向树干。

　　不知道砸了多少下，树干冒出了烟。火童和火娃好奇地探手过去，感觉冒烟的地方很烫。

　　他们灵光乍现，马上折了一段小树枝去钻大树枝。大树枝上不时有火星冒出，可是却没法燃烧起来。

　　火童和火娃又分别找了树叶、
树皮、藤条来做试验，可是冒出的
火星还是很难点燃这些材料。

　　经过多次尝试，火童和火娃终于发现植物绒、纤维、木棉絮等材料很容易点燃。于是，他们将这些易燃材料收集起来作为引火源。

火童和火娃带着族人对钻木取火的工具进行了改良，让所有族人都可以更好、更方便地取火。

他们用较软的山麻木制作成钻火板，在它的一侧挖有若干小穴，穴底为流灰槽，火星由此落下；用硬木制成钻杆，下端略尖，如圆锥状。

用植物、纤维、木棉絮等作为引燃物。

　　取火时，用脚踏住钻火板，将钻杆插在小穴内，
用双手搓动拉弓，火星就会产生。

　　火星沿槽而落，点燃引燃物。当引燃物冒烟时，
迅速将其拿起来吹风助燃，从而引出火来。

　　自从有了火，人们再也不用吃生食、喝生水了，将打猎来的肉和鱼烤熟吃，将河里的水烧开了喝，既干净又卫生。自从有了火，在天气寒冷的时候，点上篝火，就不再惧怕寒冷。黎族的先民从此围着篝火，唱着歌，跳着舞，快乐而幸福。

黎族的先民不断扩大火的使用范围，将火应用到了
更多的生活领域：除了烤制食物和取暖，烧制陶器、酿酒、
冶炼等技术也迅速发展起来。

他们的生活因为火得到巨大的改善。

经历了从天火、存火到取火和用火的技术发展过程，黎族的先民掌握了关于火的一切，最终把这些宝贵的知识称作"钻木取火"。这是黎族的先民用智慧应对自然挑战的胜利。

有时候，黎族人还打趣地认为：天火的到来是天神的恩赐。

黎族
钻木取火

    时至今日，黎族的后代不再需要像他们的祖先一样，生活在恶劣的自然环境之中，不需要再去面对饥饿、寒冷和野兽的侵扰，但是钻木取火却依然作为先民遗留下来的宝贵遗产被一代又一代地传承着。这是黎族人对于智慧的崇拜，也是一个民族存在和发展的象征。

图书在版编目（CIP）数据

自然的匠人：了不起的古代发明. 钻木取火／屠方，刘欢著；尹涵迪绘. -- 北京：电子工业出版社，2023.12
ISBN 978-7-121-46561-1

Ⅰ．①自… Ⅱ．①屠… ②刘… ③尹… Ⅲ．①科学技术－创造发明－中国－古代－少儿读物 Ⅳ．①N092-49

中国国家版本馆CIP数据核字（2023）第202610号

责任编辑：朱思霖　　特约编辑：郑圆圆
印　　　刷：天津图文方嘉印刷有限公司
装　　订：天津图文方嘉印刷有限公司
出版发行：电子工业出版社
　　　　　北京市海淀区万寿路173信箱　邮编：100036
开　　本：889×1194　1/16　印张：13.5　字数：138.6千字
版　　次：2023年12月第1版
印　　次：2023年12月第1次印刷
定　　价：138.00元（全6册）

　　凡所购买电子工业出版社图书有缺损问题，请向购买书店调换。若书店售缺，请与本社发行部联系，联系及邮购电话：（010）88254888，88258888。
　　质量投诉请发邮件至zlts@phei.com.cn，盗版侵权举报请发邮件至dbqq@phei.com.cn。
　　本书咨询联系方式：（010）88254161转1859，zhusl@phei.com.cn。